BEI GRIN MACHT SICH IHR WISSEN BEZAHLT

- Wir veröffentlichen Ihre Hausarbeit,
  Bachelor- und Masterarbeit

- Ihr eigenes eBook und Buch -
  weltweit in allen wichtigen Shops

- Verdienen Sie an jedem Verkauf

Jetzt bei www.GRIN.com hochladen
und kostenlos publizieren

Bibliografische Information der Deutschen Nationalbibliothek:

Die Deutsche Bibliothek verzeichnet diese Publikation in der Deutschen National-
bibliografie; detaillierte bibliografische Daten sind im Internet über http://dnb.d-
nb.de/ abrufbar.

Impressum:

Copyright © 2014 GRIN Verlag, Open Publishing GmbH
Druck und Bindung: Books on Demand GmbH, Norderstedt Germany
ISBN: 9783668603189

Dieses Buch bei GRIN:

https://www.grin.com/document/386158

Erik Schittko

Sozioökonomische Erbebenrisiken als räumliche Hazards. Naturgefahr und Agglomeration der tektonischen Beeinflussung Kaliforniens durch die San Andreas-Verwerfung

GRIN Verlag

Friedrich-Schiller-Universität Jena   WiSe 2013/14

Institut für Geographie

Hausarbeit

Sozioökomische Erdbebenrisiken

-

Der Zusammenhang zwischen Naturgefahr und Agglomeration am Beispiel der

tektonischen Beeinflussung Kaliforniens durch die San Andreas -Verwerfung

vorgelegt von:

Erik Schittko

01.04.2014

Inhaltsverzeichnis

„Das erste Erdbeben, welches wir empfinden, hinterlässt einen unaussprechlich tiefen und ganz eigentümlichen Eindruck. Was uns dabei so wundersam ergreift, ist besonders die Enttäuschung von dem eingeborenen Glauben an die Ruhe und Unbeweglichkeit des Starren, der festen Erdschichten." (STEINERT 1980:7).

Die von Steinert beschriebene Situation stellt im US-Bundesstaat Kalifornien keine Seltenheit dar. Nach KLOHN & WINDHORST (1997:125) ist Kalifornien Teil der zirkumpazifischen Platte hoher seismischer Aktivität und damit durch vulkanische Erscheinungen und Erdbebenauswirkungen beeinflusst. Die Epizentren schwerer Beben sind in diesem Gebiet an bestimmten Verwerfungslinien orientiert. Weiterführend ist laut KLOHN & WINDHORST (1997:125) die berühmte San Andreas-Verwerfung, als Zone der höchsten seismischen Aktivität, hervorzuheben. Nach den Forschungen von FRISCH & MESCHEDE (2011:136) wurden alleine im Jahr 1978 in Südkalifornien 7500 Erdbeben registriert. Dabei fällt besonders der Großraum San Francisco im Zusammenhang mit der San Andreas-Verwerfung in den Blickpunkt der Betrachtung, da sich in diesem Gebiet neben zahlreichen kleineren jährlichen Erdbeben nach KLOHN & WINDHORST (1997:12) die beiden stärksten dokumentierten Beben 1906 und 1989 mit den größten Schadenswirkungen auf eine Agglomeration in Kalifornien ereigneten. Die Beeinflussung der tektonischen San Andreas-Verwerfung auf die Stadt San Francisco ist übertragbar auf die Ebene der Hazardforschung. Die Begrifflichkeit „Hazard" umfasst plötzlich- auftretende Ereignisse mit erheblichen Schadensausmaß für Menschen, Infrastruktur und soziales Gefüge in einer größeren Region (DIKAU & POHL 2007:1031). Das Ziel dieser Ausarbeitung ist es, einen Überblick über die Erdbebenursachen und- Auswirkungen der San Andreas-Verwerfung in Bezug auf San Francisco zu geben, sowie die Frage nach den Reaktionsmöglichkeiten, Schutzmaßnahmen und Schadensreduzierungen zu klären. Des Weiteren soll ein allgemeiner Zusammenhang zwischen Hazards und anthropogenen Lebensräumen verdeutlicht und die Frage nach der erfolgreichen Entgegnung solcher Naturgefahren aufgegriffen werden.

Die sich 1100 km vom Golf von Kalifornien bis zum Cap Mendocino erstreckende Verwerfungslinie bildet seit ihrer Entstehung vor 25 – 30 Millionen Jahren die Basis für eine ständige Erdbebenbedrohung entlang ihres Verlaufes (FRISCH & MESCHEDE 2011:135). Die San Andreas-Verwerfung zieht sich über verschiedene Landschaftsbereiche hin und führt durch kleine Ortschaften und große Städte eines der dichtest besiedelten Gebiete der Vereinigten Staaten, darunter San Francisco, Los Angeles und San Diego, in der über 18 Millionen Menschen leben (WALKER 1983:141). Der Verlauf der San Andreas-Verwerfung lässt sich durch die schwache Vegetation im Küstenbereich zum größten Teil an der Erdoberfläche nachvollziehen. Besonders eindrucksvoll erscheint das Bild einer entlang der Verwerfung um

drei Meter versetzten Baumplantage im Imperial Valley (WALKER 1983:144: Abb.1).

[1](Aufnahme: Clarence R. Allen o. J.)

Es stellt sich die Frage, welche tektonischen Kräfte an der San Andreas-Spalte wirken müssen, um solche Landschaftsbilder zu formen?

In der Plattentektonik unterscheidet man 3 Arten von Plattenbewegungen, die divergente- und die konvergente Plattenverschiebung, sowie Transformstörungen. Die San Andreas-Verwerfung stellt wohl die bekannteste einer solchen Transformstörung laut STRAHLER & STRAHLER (2009:485) dar. Transformbewegungen beruhen auf einer meist horizontalen Verschiebung zweier direkt nebeneinander liegender Litosphärenplatten an ihrer gemeinsamen Grenze.

Die Plattenbewegung erfolgt entlang eines vertikalen Bruchs, der sich durch die gesamte

Litosphäre zieht (STRAHLER & STRAHLER 2009:453). Im Bereich der San Andreas-Spalte basiert die Blattverschiebung auf dem Vorhandensein einer aktiven Transformgrenze zwischen Nordamerikanischer- und Pazifischer Platte (STRAHLER & STRAHLER 2009:485). Daraus ergibt sich die Schlussfolgerung, dass die beiden Litosphärenplatten in diametraler Richtung aneinander vorbeilaufen. Aus KLOHN & WINDHORST (1997:127: Abb.4) geht hervor, dass sich die Pazifische Platte nach Norden- und die Nordamerikanische Platte nach Süden bewegt. Durch FRISCH & MESCHEDE (2011:135) wird Aufschluss über den jährlichen Verschiebungsumfang von 6 cm an der San Andreas-Verwerfung gegeben.

Weiterführend erfolgte insgesamt eine Verschiebung von 300 km an der San Andreas-Spalte. Harald Steinert gibt an dieser Stelle einen anderen Verschiebungsbetrag an: „ Dies […] hat die beiden Schollen der Erdkruste bis heute um rund 500 km gegeneinander verschoben." (STEINERT 1980:28).

2.2 Der Entwicklungsverlauf tektonischer Anomalien

Aus den oben aufgeführten plattentektonischen Bedingungen und Prozessen ist eine von der Verwerfung ausgehende Erdbebengefahr naheliegend. Jedoch begründen die entgegengesetzten jährlichen Plattenbewegungen nicht alleine die Entstehung größerer Erdbeben.

An bestimmten Stellen verhaken sich die Litosphärenplatten ineinander, sodass eine fortführende Bewegung gehemmt wird und die dadurch erzeugte tektonische Spannung soweit ansteigt, bis die Bruchfestigkeitsgrenze des Gesteins überschritten ist (STEINERT 1980:40). Dadurch kommt es zum Bruch des Gesteins, welcher von STEINERT (1980:40) als Scherbruch bezeichnet wird und einen ruckartigen Verschiebungsstoß der Gesteinsschollen beinhaltet.

Die dabei aufgestaute Energie und Druckspannung entlädt sich in Form von folgenschwerer Erdbebenwellen in den umliegenden Regionen.

3 Erdbebenfolgewirkungen & Risiken für den Großraum San Francisco

In der Erdbebenhistorie San Franciscos ereigneten sich bedeutsame dokumentierte Beben in den Jahren 1796,1857,1906,1974 (STEINERT 1980:28), sowie nachfolgend 1989 und 1994 (KLOHN & WINDHORST 1997:125), welche alle eine Stärke von über 6 auf der Richter-Skala erreichten. Die Erdbeben von 1906, mit einer Magnitude von 8,3 und das Loma Prieta Beben von 1989 mit 7,1, zählen laut KLOHN & WINDHORST (1997:129) zu den zwei stärksten Bebenereignissen in San Francisco.

Das größte Erdbeben von 1906, welches auch als : „ […] das hervorragendste Ereignis in der Geschichte San Franzisko's und möglicherweise das bekannteste Erdbeben aller Zeiten." (RITCHIE 1985:201) bezeichnet wird, umfasste eine Flächenauswirkung von 960.000 km² (KLOHN & WINDHORST 1997:129). Die stärksten Schäden traten allerdings in San Francisco auf, da das Epizentrum nur eine geringe Entfernung zum Stadtkern aufwies. Das verheerende Ausmaß dieses Erdbebens wird vor allem an einer Katastrophenkette festgemacht, da die Erdbebenerschütterungen zum Ausbruch von Großbränden führten, welche durch schwer- beschädigte Wasserleitungen und Hydranten unzureichend bekämpft werden konnten

(WALKER 1983:63,67). Die direkten Erdbebenauswirkungen und die über drei Tage andauernden Folgebrände führten zur Zerstörung von 28.000 Häusern, wodurch nahezu 100.000 Einwohner obdachlos wurden. Außerdem resultierte aus dem Ereignis ein Sachschaden von insgesamt 1,6 Mrd. \$, sowie ein Personenschaden von ungefähr 225.000 Verletzten und 700 Todesopfern, welcher sich in neueren Nachforschungen jedoch mit 3000 Todesopfern als deutlich höher herausstellt (KLOHN & WINDHORST 1997:129-130). Das Loma Prieta Beben von 1989 weist nach KLOHN & WINDHORST (1997:130-131) mit 64 Toten, 3.757 Verletzten und 7 Mrd. \$ Sachschaden eine deutlich geringere personelle, jedoch eine wesentlich höhere finanzielle Schadensbilanz auf. Diese Ergebnisse können einerseits mit der größeren Entfernung des Epizentrums 1989 zur Stadt San Francisco- und andererseits mit der geringeren Stärke des Bebens begründet werden. Insgesamt kann man also von einem schwächeren Beben ausgehen, jedoch fällt der Anstieg der Sachschäden von 1906 zu 1989 in den Blickpunkt der Betrachtung.

Hierbei muss die zwischen den beiden Beben stattfindende bauliche Stadtentwicklung, Siedlungsvergrößerung sowie Bevölkerungszunahme und der Ausbau der Infrastruktur berücksichtigt werden. Besonders die beiden großen Brücken, die Golden Gate Bridge und die Oakland Bay Bridge, welche Hauptverkehrswege zum Erreichen und Verlassen der Stadt über die San Francisco Bay darstellen, schaffen 1989 neue Gefahrenquellen und Schadensobjekte.

So stürzte während des Bebens ein aus den Verankerungen gerissenes Segment der oberen Fahrbahnebene der Oakland Bay Bridge auf die untere Ebene. Dies führte zur Stilllegung des gesamten Verkehrs zwischen West- und Ostseite der San Francisco Bay für Monate

(KLOHN & WINDHORST 1997:133). Dieses Beispiel verdeutlicht nach KLOHN & WINDHORST (1997:136) weiterführend die Bedeutungszunahme der Verkehrsinfrastruktur der Stadt von

1906 bis 1989 und die damit verbundenen Folgeproblemen angesichts der Beschädigungen durch Erdbeben. Somit führt diese Tatsache zu einer weiteren wichtigen Erkenntnis in der Entwicklung von Erdbebenauswirkungen auf die Stadt. BECK (1986:25) beschreibt, dass grundlegende Hauptproblem im Zusammenhang von Naturrisiko und Agglomeration, durch die gesellschaftliche Produktion von Reichtum und die mit ihr gleichzeitig einhergehende Produktion und Verstärkung von Risiken. Resultierend lässt sich somit konstatieren, dass eine äquivalente, oder geringere Erdbebenintensität ein höheres Risiko hinsichtlich des Schadensausmaßes für eine Agglomeration wie San Francisco mit zunehmender wirtschaftlicher-, gesellschaftlicher, infrastruktureller- und siedlungstechnischer Entwicklung darstellt. Denn auch nach Fuchs & WENZEL (2000:15) werden Naturgewalten erst im Zusammenhang mit den Menschen und den von ihnen geschaffenen anthropogenen Räumen zu Naturkatastrophen. Außerdem stellen sie verschiedene gefährdete Elemente einer von Erdbeben bedrohten Stadt heraus, welche sich beispielsweise in Schulen, Wohnhäusern, Krankenhäusern, Industriekomplexen und Kraftwerken widerspiegeln. Die auch in San Francisco vorherrschende kontinuierliche Entwicklung dieser Bereiche führt dazu, wie von KLOHN & WINDHORST (1997:143) zu entnehmen, das zukünftige Erdbebenauswirkungen eine deutlich höhere materielle Schadenssumme, aber vor allem eine höhere Anzahl an Toten und Verletzten fordern, welche die Erfahrungen von 1906 und 1989 bei Weitem übersteigen werden.

Einen offensichtlichen Kontrast zu den oben erläuterten Erdbebenauswirkungen in der Geschichte San Franciscos bildet der Umgang eines großen Bevölkerungsteils mit dem geografischen Phänomen der San Andreas-Verwerfung, sowie der mit ihr verbundenen Erdbebengefahr : „Trotz dieses Schreckenspotenzials betrachten viele Kalifornier, die in der Nähe der San Andreas Verwerfung wohnen, *Erdbeben als annehmbares Risiko* […] .“
(WALKER 1983:141). Walker verstärkt seine Aussage sogar noch und beschreibt, dass die meisten Kalifornier die San Andreas-Verwerfung mit einer Art Faszination und Gleichmut betrachten. Dem fortwährenden Siedlungsbau und der Industrieansiedlung tut diese auch keinen

Abbruch : „Jährlich entstehen etwa 50 neue Wohngebiete im Bereich des Störungssystems. Wichtige Industriebetriebe und Universitäten liegen in unmittelbarer Nähe der Verwerfung .“ (WALKER 1983:141). Auch nach RITCHIE (1985:202) bewerten die meisten Einwohner San Franciscos die erdbebenreiche Geschichte ihrer Stadt als nichts Ungewöhnliches und verweisen auch auf andere amerikanische Erdbebengebiete wie Boston.

Diese Grundhaltung deckt sich mit konkreten Bevölkerungsbefragungen. So treten Aussagen wie: „Jede Gegend hat ihre Probleme" (WALKER 1993:141) und „Nein, ich habe keine Angst vor einem Erdbeben" (RITCHIE 1985:202) auf. Das diese Ansichten nicht auf die gesamte kalifornische Bevölkerung, sowie die Bewohner San Franciscos zutreffen, ist selbstverständlich. Darüber hinaus wurden diese Thesen vor dem zweitgrößten Erdbeben von 1989 aufgestellt.

Dennoch stellt sich hierbei die Frage, ob eine dementsprechend verbreitete Einstellung förderlich für eine angemessene Risikobetrachtung ist und die Grundlage für notwendige Schutzmaßnahmen und Erdbebenentgegnungen beeinträchtigt?

4 Schutzmaßnahmen und Risikoadaptation in San Francisco

Die Erfahrungen des Loma Prieta Bebens 1989 zeigten : „ [...] wie anfällig eine urban-industrielle Agglomeration dieser Größe ist. Es wurde deutlich, dass ein Beben mit einem Epizentrum näher zum Stadtkern von San Francisco […] zu unbeherrschbaren Problemen führen könnte." (KLOHN & WINDHORST 1997:134). Umso mehr Aufmerksamkeit fordert nach diesem Ereignis die Neubewertung des Erdbebenrisikos, die Ausarbeitung von Katastrophenplänen, sowie die Gestaltung von Aufklärungs- und Vorbeugemaßnahmen (KLOHN & WINDHORST 1997:136).

4.1 Die Entwicklung von Katastrophenplänen und Vorbeugemaßnahmen

Eine weitere Bedeutung erlangt das Erdbebenereignis von 1989 hinsichtlich des Katastrophenmanagements der Stadt San Francisco. Offensichtlich wurden in den Jahren der vermeintlichen seismischen Ruhe zwischen den Beben von 1906 und 1989, wie aus KLOHN & WINDHORST (1997:144-145) hervorgeht, entsprechende wichtige Maßnahmen der Erdbebenverhütung verschleppt. Konkrete Bestimmungen und Regelungen für den Gebäudebau, sowie die Sicherung von Brücken und Viadukten, wurden erst 1990 durchgeführt.

Unmittelbar kam es zur Einleitung von Aufklärungsaktionen, Förderprogrammen zur Erhöhung der Erdbebensicherheit von Wohngebäuden und staatlichen Programmen zur Sicherung von Verkehrswegen und öffentlichen Gebäuden. Außerdem erfolgte im Zuge der Entwicklung dieser neuen Katastrophenplänen eine Intensivierung der Forschung zur Erdbebenvorhersage durch staatliche Förderungen (KLOHN & WINDHORST 1997:147). Das Loma Prieta Beben stellt auch für gesellschaftliche Hilfsprogramme und Vorbereitungsmaßnahmen eine entscheidende Initialzündung dar. So kommt es beispielsweise zu Aufklärungsaktionen an Schulen und für die multiethnische Bevölkerung San Franciscos über Auswirkungen und Schutzmaßnahmen bei einem Erdbeben, sowie der Erstellung gesonderter Pläne über Verhaltens- und Schutzmaßnahmen der Wohnbevölkerung, Wirtschaftsunternehmen und Menschen mit Behinderungen

(KLOHN & WINDHORST 1997:144f.). Besonders erwähnenswert ist des Weiteren die Entgegnung schwere Feuerbrände, wie dies 1906 und 1989 der Fall war, über ein computergesteuertes unterirdisches Löschwasserreservat (KLOHN & WINDHORST 1997:143). Die beschriebenen zahlreichen Schutzmaßnahmen und Programme lassen sich als aufgeschobener Defizitausgleich zwischen 1906 und 1989 seitens Politik und Stadtplanung bewerten.

Darüber hinaus können durch die gesellschaftlichen Programme aber auch Veränderungen der individuellen Einstellung und Betrachtung des Erdbebenrisikos, wie in 3.2 erläutert, gedeutet werden.

4.2 Die Sicherung von Brücken und Viadukten

Das monatelange Ausfallen wichtiger Hauptverbindungsstraßen, hervorgerufen durch das Loma Prieta Erdbeben von 1989 und das Northridge - Erdbeben von 1994, führten der Bevölkerung San Franciscos in höchstem Maße ihre Abhängigkeit vom Funktionieren der Verkehrssysteme vor Augen (KLOHN & WINDHORST 1997:147). Die Anfälligkeit dieses System gegenüber Erdbeben wird besonders 1989, durch das Zusammenstürzen des Cypress Viadukts (östlicher Zubringer zur Oakland Bay Bridge) mit 41 Todesopfern und nahezu 150 Verletzten, deutlich (KLOHN & WINDHORST 1997:133). Im Zuge des „State -wide Retrofit Program" sollten insgesamt 3853 Brücken in Kalifornien bautechnisch verstärkt und erdbebengerecht abgesichert werden.

Die im Projekt beinhalteten Objekte konnten im folgenden Northridge Erdbeben kaum Schäden aufweisen (KLOHN & WINDHORST 1997:145). Diese Tatsache führt zu der Annahme, dass die nach 1989 eingeleiteten Schutzmaßnahmen am Beispiel der Infrastruktursicherung durchaus sinnvoll sind und damit auch eine zukünftige Richtung der Katastrophenplanung weiterverfolgt werden kann.

Die bisher auf die Stadt San Francisco eingewirkten Erdbeben riefen unterschiedliche Reaktionen seitens Bevölkerung und Politik hervor. Jedoch ist sicher, dass die schwersten Erdbebenauswirkungen nicht in der Vergangenheit zu suchen sind, sondern San Francisco nach KLOHN & WINDHORST (1997:147) das wahrscheinlich folgenreichste Erdbeben noch bevorsteht.

Das von Seismologen im Jahr 1997 in den nächsten 30 Jahren befürchtete „Big One" mit einer

Erdbebenstärke von über 8 auf der Richterskala, stellt laut KLOHN & WINDHORST (1997:147) Grund für erhöhte Aufmerksamkeit und Risikobewusstsein dar.

Ein zentrales Problem der Konfrontation mit diesem Beben wird sicherlich, der schon in 3.1 erläuterte Zusammenhang, zwischen zunehmender Modernisierung, Stadtentwicklung und Vergrößerung der Gefahr von zukünftigen Erdbeben sein.

Die Erdbebenbedrohung für San Francisco ist demnach jederzeit präsent und erfordert die weitere wissenschaftliche Auseinandersetzung mit ihr.

Im Rahmen dieser Arbeit konnte ein Überblick über die San Andreas-Verwerfung und die aus ihr resultierenden Erdbebenentstehungen gegeben werden. Die drohenden Auswirkungen auf die Agglomeration San Francisco wurden am Beispiel der zwei bisher signifikantesten tektonischen Großereignisse erläutert. Im Zuge der Betrachtung der Schutzmaßnahmen und Erdbebenverhütungen offenbarten sich einerseits zahlreiche Programme, Projekte und organisatorischen Maßnahmen, andererseits wurden auch Defizite und Versäumnisse hinsichtlich der Erdbebenentgegnung ersichtlich. Besonders der Veränderung der Risikobetrachtung seitens der Bevölkerung ist hierbei eine bedeutende Rolle zuzuschreiben. Die Übertragung der Problematik auf die Ebene der Hazardbetrachtung bietet sich insofern an, um eine Metaperspektive hinsichtlich der kausalen Korrelation zwischen Naturgefahren und Agglomerationsentwicklungen aufzuzeigen. Ungeklärt allerdings, bleibt die Frage nach vollends ausgefeilten und patentwürdigen Entgegnungsmaßnahmen in diesem Fall.

Es scheint an dieser Stelle vorteilhafter, vielmehr von einer Verminderung des Erdbebenrisikos, oder einer Folgeneindämmung, als von einer tatsächlichen Prävention und Verhinderung zu sprechen. Darüber, das es zu weiteren Konfrontationen mit gefährlichen tektonischen Aktivitäten im Großraum San Francisco und weiteren Teilen Kaliforniens kommen wird, besteht jedoch nach aktuellen seismologische Vorhersagen eine hohe Gewissheit.

Mit einem dringlichem Beigeschmack und zunehmenden Risikopotenzial offenbart sich somit die Gefahrenlage für den Großraum San Francisco. Um so deutlicher sind gleichwohl die Notwendigkeiten etwaiger Lösungsfanale und Konzeptionsmaßnahmen. Der Behauptungs - und Überlebenskampf des Menschen gegen seine Determinante, die Natur, erfährt einmal mehr, am Beispiel der destruktiven Tektonik des San - Andreas Grabens, eine eklatante Aufladung historischen Ausmaßes.

Der Sieg allerdings, ist hierbei nach wie vor ungewiss.

Literatur

BECK, U. (1986): Risikogesellschaft. Auf dem Weg in eine andere Moderne. Frankfurt/M.:
Suhrkamp-Verlag.

DICKAU, R. & J. POHL (2007): „Hazards". Naturgefahren und Naturrisiken. In: Gebhardt, H. et
al. (Hrsg.): Geographie. Physische Geographie. Physische Geographie und
Humangeographie. München, 1028-1076.

FRISCH, W. & M. MESCHEDE (2011^4): Plattentektonik. Kontinentenverschiebung und
Gebirgsbildung. Darmstadt: WBG.

FUCHS, K. & F. WENZEL (2000): Erdbeben. Instabilität von Megastädten. Eine wissenschaftlich
technische Herausforderung für das 21. Jahrhundert. Berlin Heidelberg: Springer
Verlag.

KLOHN, W. & H.W. WINDHORST (1997): Kalifornien. Bevölkerung, Wirtschaft und Gesellschaft an
der Schwelle zum 21. Jahrhundert. Vechta: Vechtaer Druckerei und Verlag, 125-148.

RITCHIE, D. (1985): Wann stürzt San Franzisko ?. Vulkane. Erdbeben. Flutwellen. Hamburg:
Ernst Kabel Verlag Gmbh.

STEINERT, H. (1980^2): Erdbeben. Bern: Hallwag Verlag.

STRAHLER, A.H. & A.N. STRAHLER (2009^4): Physische Geographie.Stuttgart (Hohenheim): Verlag
Eugen Ulmer KG.

WALKER, B. (1983): Der Planet Erde. Erdbeben. Amsterdam: Time Life Verlag.

Abbildungen

[1] ALLEN, C. R. (o.J.). In: WALKER, B. (1983): Der Planet Erde. Erdbeben. Amsterdam: Time Life
Verlag, 144. Abb.1.